Ernst Probst

Die Mondsee-Gruppe in Österreich

Eine Kulturstufe der Jungsteinzeit
vor etwa 3.700 bis 2.900 v. Chr.

Widmung

Den Wiener Prähistorikern
Dr. Elisabeth Ruttkay (1926–2009, Foto links) und
Professor Dr. Johannes-Wolfgang Neugebauer (1949–2002, Foto rechts)
gewidmet, die mich bei meinen Büchern über die Steinzeit und Bronzezeit
unterstützt haben

Impressum

Die Mondsee-Gruppe in Österreich
1. Auflage als Printbuch: Dezember 2020
Autor: Ernst Probst
Im See 11, 55246 Mainz-Kostheim
Telefon: 06134/21152
E-Mail: ernst.probst (at) gmx.de
Herstellung: Amazon Distribution GmbH, Leipzig
Alle Rechte vorbehalten
ISBN: 979-8-583-77284-1

Inhalt

Vorwort / Seite 5

Die Pfahlbauern der Salzkammergut-Seen / Seite 7

Anmerkungen / Seite 29

Literatur / Seite 33

Der Autor / Seite 37

Bücher von Ernst Probst / Seite 38

*Alltag in einer Seeufersiedlung am Mondsee
zur Zeit der Mondsee Gruppe.
Bild: Zeichnung von Fritz Wendler (1941–1995)
für das Buch „Deutschland in der Urzeit" (1991)
von Ernst Probst*

Vorwort

Das Taschenbuch „Die Mondsee-Gruppe in Österreich" befasst sich mit einer Kulturgruppe der Jungsteinzeit bzw. Kupferzeit, die vor etwa 3.700 bis 2.900 v. Chr. in Oberösterreich und im Bundesland Salzburg heimisch war. Ihr Name erinnert an den Mondsee in Oberösterreich, in dem bereits 1872 das sogenannte Pfahlfeld See bzw. die Station See entdeckt wurde. Woher die Mondsee-Leute kamen, weiß man heute noch nicht genau. Diese Ackerbauern und Viehzüchter bauten Getreide an, hielten Haustiere, modellierten Tongefäße und Tonfiguren und verarbeiteten Kupfer. Darstellungen von Sonnenrädern spiegeln womöglich eine besondere Verehrung der Sonne wider. Die Mondsee-Leute am Mondsee könnten durch einen Bergsturz, der eine verheerende Flut auslöste, ihr Leben verloren haben.

Berliner Prähistoriker Alfred Götze (1865–1948).
Foto: Aufnahme von 1938

Die „Pfahlbauten"
der Salzkammergut-Seen

In Oberösterreich und im Bundesland Salzburg behauptete sich von etwa 3.700 bis 2.900 v. Chr. oder noch länger die durch ihre Seeufersiedlungen charakterisierte Mondsee-Gruppe. Manche Autoren sprechen statt von der Mondsee-Gruppe von der Mondsee-Kultur. Laut Online-Lexikon „Wikipedia" dauerte die Mondsee-Kultur von etwa 3.800 bis 3.300 v. Chr. Bronzefunde und die neu entdeckte Siedlung Abtsdorf I[1] im Attersee deuten daraufhin, dass dieses Gebiet auch in der späten Frühbronzezeit besiedelt wurde. Die Angehörigen der Mondsee-Gruppe waren zum Teil Zeitgenossen der Badener Leute (etwa 3.600–2.900 v. Chr.), die im östlichen Niederösterreich und im Burgenland heimisch gewesen sind.

Der Begriff Mondsee-Gruppe geht auf den Berliner Prähistoriker Alfred Götze (1865–1948) zurück, der 1900 vom Mondsee-Typus oder von der Mondsee-Gruppe gesprochen hatte. Dieser Name erinnert an den Mondsee in Oberösterreich, in dem 1872 durch den Fabrikbesitzer und Prähistoriker Matthäus Much (1832–1909) aus Wien am Ausfluss der Seeache das sogenannte Pfahlfeld See bzw. die Station See entdeckt wurde.

Man hat die Mondsee-Gruppe von Anfang an wegen der Kupferfunde der späten Jungsteinzeit oder der Kupferzeit zugerechnet. Heute wird sie von den Prähistorikern in drei Phasen unterteilt.

Die Mondsee-Gruppe fiel in das Subboreal. Die Ufer des Mondsees waren von Auwäldern und Resten wärmeliebender Laubmischwälder mit Haselnusssträuchern, Eichen, Ulmen,

*Grab des Wiener Prähistorikers Moritz Hoernes (1853–1917)
auf dem Wiener Zentralfriedhof.
Foto: Papergirl / CC BY-SA 4.0 (via Wikimedia Commons),
lizensiert unter Creative-Commons-Lizenz by-sa-4.0,
https://creativecommons.org/licenses/by-sa/4.0/legalcode*

Linden und Ahorn gesäumt. Im bergigen Umland gediehen vorwiegend Tannen-Fichten-Buchen-Wälder.
An den Fundstätten wurden die Überreste von Hecht und Huchen, Biber, Fischotter und Grasfrosch entdeckt. Knochen von ausgewachsenen und jungen Gänsesägern zeigen, dass diese Vogelart damals noch im Salzkammergut brütete. Nachgewiesen wurden außerdem Auerhähne, Haselhühner, Kolkraben, Mittelsäger, Pirole, Waldkäuze und Waldschnepfen.
In der Umgebung des Mondsees lebten Braunbären, Auerochsen, Rothirsche, Elche, Rehe, Gämsen, Steinböcke, Wildschweine, Feldhasen, Luchse, Dachse, Iltisse, Siebenschläfer und Wildkatzen. Bei einem Pferdeknochenfund lässt sich nicht klar entscheiden, ob er von einem Wild- oder Hauspferd stammt. Nach den Knochenresten zu schließen, waren Rothirsche besonders häufig vertreten. Als Lebensraum für die Gämsen dürften die nahen Felswände des fast 1.800 Meter hohen Schafberges gedient haben.
Obwohl die Siedlungen an den Salzkammergut-Seen sehr lange bestanden, kennt man bisher kein komplettes Skelett von den Menschen. Daher weiß man nichts über ihre anatomischen Merkmale, ihre Körpergröße, ihre Krankheiten und über ihre Heilkunst.
Die Herkunft der Mondsee-Leute hat in der Vergangenheit viele Prähistoriker beschäftigt, aber sie ist auch heute noch ungeklärt. 1893 sah Matthäus Much in der Keramik Verbindungslinien bis zur Ägäis. Der Wiener Prähistoriker Moritz Hoernes[2] (1853–1917) wies 1905 auf Ähnlichkeiten mit der kupferzeitlichen Keramik Zyperns hin. Der Heidelberger Prähistoriker Ernst Wahle (1889–1981) sah 1932 in den Mondsee-Leuten Menschen des Pfahlbaukreises, die in Berührung mit Bandkeramikern gekommen seien. Die aus Litauen stammende amerikanische Prähistorikerin Marija Gimbutas (1921–

Litauisch-amerikanische Prähistorikerin
Marija Gimbutas (1921–1994).
Foto: Monica Boirar, Aufnahme im Frauenmuseum Wiesbaden
am 1. Januar 1993 (via Wikimedia Commons),
lizensiert unter Creative-Commons-Lizenz by-sa-3.0-en,
https://creativecommons.org/licenses/by-sa/3.0/legalcode

1994) aus Cambridge spekulierte 1975 über einen Zusammenhang der Mondsee-Gruppe mit der Kurgan-Kultur[3] im Kaukasus. Und der polnische Prähistoriker Jan Machnik aus Krakau vermutete im gleichen Jahr eine Herkunft aus dem Südkaukasus oder Ostanatolien zur Zeit der Kura-Araks-Kultur[4].
Als im vorigen Jahrhundert in den Salzkammergut-Seen Mondsee, Fraunsee und Attersee die ersten Pfahl- und Keramikreste entdeckt wurden, hielt man sie für Hinterlassenschaften von Pfahlbausiedlungen. Man stellte sich vor, dass die Häuser im Wasser auf Pfählen standen und ihre Fußböden merklich vom Seespiegel abgehoben waren. Tatsächlich lagen die vermeintlichen „Pfahlbauten" am Mondsee, am Fraunsee und am Attersee ursprünglich am Ufer und sind erst später durch den Anstieg des Seespiegels unter Wasser geraten. Die heutige Fundsituation entspricht also nicht mehr den ursprünglichen Verhältnissen.
Die Erforschung der „Pfahlbauten" in Österreich begann zehn Jahre später als in der Schweiz, wo 1854 der erste „Pfahlbau" am Zürichsee entdeckt worden war. 1864 regte der Präsident der Kaiserlichen Akademie der Wissenschaften in Wien, Andreas Freiherr von Baumgartner (1793–1865), an, die österreichischen Seen nach „Pfahlbauten" zu untersuchen. Noch im selben Jahr konnte der Kärntner Geschichtsverein einen im Keutschacher See liegenden „Pfahlbau" entdecken, der nach heutigen Erkenntnissen schon um 3.900 v. Chr. errichtet worden war.
Es folgten weitere Entdeckungen. So stieß man 1870 im Attersee am Abfluss der Ager bei Seewalchen auf eine Siedlungsschicht mit Pfahlresten und Tonscherben. Diese Siedlung heißt heute Station Seewalchen und ist der früheste am Attersee nachgewiesene „Pfahlbau". Die Funde wurden von einem in

Andreas Freiherr von Baumgartner (1793–1865).
Bild: Lithographie von Friedrich Lieder (1780–1859) von 1826
(via Wikimediaa Common),
Lizenz: gemeinfrei (Public domain)

der Pfahlbauforschung erfahrenen Schweizer Fischer aus Nidau am Bielersee geborgen, den man dazu eingeladen und der spezielle Such- und Bergungsgeräte mitgebracht hatte. 1871 entdeckte Gundaker Graf Wurmbrand-Stuppach (1838–1901) aus Wien beim Landungssteg in Weyregg etwa sieben Meter vom Ufer entfernt im Wasser des Attersees eine andere Seeufersiedlung, die heute auf etwa 3.100 v. Chr. datiert wird. Später beuteten der Sandfischer[5] Theodor Wang (1870–1957) aus Seewalchen und der Fischer Albert Wendl (1892–1944) aus Seewalchen diese Fundstelle aus und verkauften die Objekte an Interessierte.

An der Erforschung der „Pfahlbauten" in Österreich beteiligte sich auch Matthäus Much. Er entdeckte 1872 die bereits erwähnte Station See am Mondsee. Dort kamen derart viele Funde zum Vorschein, dass der Mondsee namengebend für die betreffende Kulturstufe wurde. 1874 konnte derselbe Forscher die um 3.700 v. Chr. angelegte Station Scharfling bei St. Lorenz am Mondsee nachweisen. Sie erstreckte sich unweit der Mündung des Kienbaches in den Mondsee.

Heute kennt man insgesamt 20 Siedlungen bzw. Stationen vom Mondsee und Attersee. Die Erforschung dieser ehemaligen Seeufersiedlungen hat nach dem Zweiten Weltkrieg durch unterwasserarchäologische Untersuchungen neuen Auftrieb erhalten. Es begann 1951/52 damit, dass ein Taucherteam unter der Leitung der Wiener Prähistorikerin Gertrud Moßler (1919–1994) im Keutschacher See den schon 1864 entdeckten „Pfahlbau" untersuchte und mit wissenschaftlichen Methoden dokumentierte. Dann folgten 1960 Tauchaktionen in der 1872 von Matthäus Much aufgespürten Station See im Mondsee und ab 1970 unterwasserarchäologische Untersuchungen durch die Abteilung für Bodendenkmale des Bundesdenkmalamtes in Wien unter der Leitung des Grabungstechnikers Johann Offenberger.

*Gundaker Graf Wurmbrand-Stuppach (1838–1901)
aus Wien.
Bild: Porträt eines unbekannten Künstlers*

Fabrikbesitzer und Prähistoriker Matthäus Much (1832–1909)
aus Wien.
Foto: Reproduktion aus Hubert Schmidt: Matthäus Much †,
Prähistorische Zeitschrift, S. 450–452, Berlin 1910.
Foto: Römisch-Germanisches Zentralmuseum, Mainz.

Bei den vom Bundesdenkmalamt initiierten Tauchaktionen wurden alle Uferzonen des Fuschlsees und Mondsees sowie teilweise des Attersees und des Traunsees nach „Pfahlbauten" abgesucht. Zweck dieser Arbeiten war es, eine Übersicht über die Lage der einstigen Seeufersiedlungen zu gewinnen, damit diese geschützt und für die Wissenschaft erhalten werden können. Dabei wurden früher entdeckte „Pfahlbauten" wieder geortet, neu entdeckt, interessante Beobachtungen gemacht und zahlreiche Funde geborgen. Unter anderem konnte Johann Offenberger dabei im Mondsee in der Bucht von Mooswinkl eine bis dahin unbekannte Seeufersiedlung nachweisen – die Station Mooswinkl. Außerdem stieß man am Westufer des Attersees auf Reste mehrerer Siedlungsobjekte. In seltenen Fällen konnte man am Seegrund liegende und sich kreuzende Balken beobachten, die belegen, dass die „Pfahlbauten" Böden besaßen, die direkt auf dem Untergrund auflagen. Zudem gelang die Bergung von zahlreichen organischen Materialien, die durch die Bedeckung mit Wasser bis zur Gegenwart erhalten geblieben sind.

Außer den Seeufersiedlungen errichteten die Mondsee-Leute gar nicht selten hochgelegene Siedlungen auf 500 bis 800 Meter hohen Bergen. Solche Höhensiedlungen existierten auf der Prücklermauer und auf der Langensteiner Wand bei Laussa, auf dem Sonnenbichl bei Garsten, auf der Rebsteinmauer bei Mühlbach (alle in Oberösterreich), auf dem Hauserkogel bei Ertl (Niederösterreich) und auf dem Götschenberg bei Bischofshofen (Salzburg). Solche Höhensiedlungen deuten auf ein gewisses Schutzbedürfnis hin. Vereinzelte verzierte Scherben der Mondsee-Gruppe wurden auf dem Rainberg und Grillberg (Elsbethen) im Stadtumkreis von Salzburg gefunden. Die Häuser der Mondsee-Leute bestanden aus einer massiven Konstruktion dicker Holzpfosten. Die hierfür benötigten

Baumstämme musste man mit Steinbeilen schlagen, die mit Holzstielen geschäftet waren. Um den Wohnraum vor Bodenfeuchtigkeit zu schützen, zimmerte man Holzkonstruktionen, die man auf den Untergrund legte. Die Wände der Gebäude wurden durch in gewissen Abständen aufgestellte Pfosten gebildet, die man mit Flechtwerk verband und mit Lehm verputzte. Das Dach dürfte mit Schilf, Stroh oder ähnlichem Material gedeckt worden sein.

Die Bewohner der Station See am Mondsee jagten mit Pfeil und Bogen vor allem Rothirsche, aber auch Rehe, Gämsen, Steinböcke, Auerochsen, Wildschweine und Biber. Die Jagdbeutereste vom Biber hatten Schnittspuren am Schädel und an Schwanzwirbeln. Sie rührten davon her, dass man das Gehirn entnommen und bestimmte Leckerbissen bevorzugt hatte. In der Station Scharfling am Mondsee waren die Jagdbeutereste sogar häufiger als Knochen von Haustieren. Vielleicht lag dies daran, dass es in diesem bergigen Gebiet keine ausreichenden Weideflächen für Haustiere gab.

Ackerbau wird durch Funde von Weizen-, Gersten- und Hirsekörnern aus Siedlungen der Mondsee-Gruppe belegt. Als indirekte Hinweise für Getreideanbau kann man Reste von Feuersteinsicheln werten, mit denen man die reifen Ähren abgeschnitten hat.

Die Viehzüchter am Mondsee hielten vor allem Rinder, daneben aber auch Schafe, Ziegen und Schweine als Haustiere. Nach den gefundenen Knochenresten zu schließen, hat man die Schweine häufig im jungen Alter von sechs bis neun Monaten geschlachtet. Demnach wussten auch die Mondsee-Leute bereits Spanferkelbraten zu schätzen. Schafe dürften nicht nur Fleisch-, sondern auch Wolllieferant gewesen sein. In manchen Haushalten gehörte ein Hund zum lebenden Inventar.

Von Wölfen angegriffener Auerochse.
Bild: Zeichnung von Heinrich Harder (1868–1935).

Neben Speisen aus Getreidekörnern oder -mehl, Fleisch von geschlachteten Haustieren und Wildbret aßen die Mondsee-Leute auch saisonal wachsende Früchte, Beeren, Kräuter und Samen. Von Tauschgeschäften zeugen unter anderem manche Kupferfunde. Denn das in oberösterreichischen Seeufersiedlungen verarbeitete Kupfer ist teilweise aus Ungarn oder Siebenbürgen importiert worden. Im ostalpinen Bergbaugebiet, vor allem aus dem von Mühlbach-Bischofshofen (Bundesland Salzburg), dürften die Mondsee-Leute selbst Kupfer gefördert haben. Die Lage der Seeufersiedlungen hat vermutlich den Bau von Wasserfahrzeugen begünstigt, mit denen man zu anderen Ufern oder zum Fischen paddeln konnte.[6] Die Mondsee-Leute trugen vermutlich Jacken und Röcke aus Schafwolle. Wie ihre Kleidung aussah, weiß man jedoch nicht, da weder Reste davon noch Kunstwerke geborgen werden konnten, auf denen Kleidung erkennbar ist. Angesichts der prachtvoll verzierten Keramik dieser Kulturstufe fragt man sich unwillkürlich, ob nicht manche Gewänder ebenso kunstvoll geschmückt gewesen sind.
An Schmuck gab es durchbohrte Tierzähne und kleine Ringe aus Kalk, die man an Halsketten auffädelte, sowie Drahtspiralen aus Kupfer. Letztere kennt man beispielsweise vom Mondsee. Die sogenannten Knöpfe, deren Löcher V-förmig angebracht sind, waren vermutlich keine Kleidungsbestandteile. Sie dürften zusammen mit anderen Objekten an Ketten aufgereiht worden sein.
Unter den bisher entdeckten Kunstwerken der Mondsee-Gruppe befanden sich lediglich tönerne Tierfiguren. Sie stellen Haustiere dar, vor allem das Rind.
Als typische Tongefäße der Mondsee-Gruppe gelten Henkelkrüge, Schalen und birnenförmige Gefäße. Am kleinsten waren

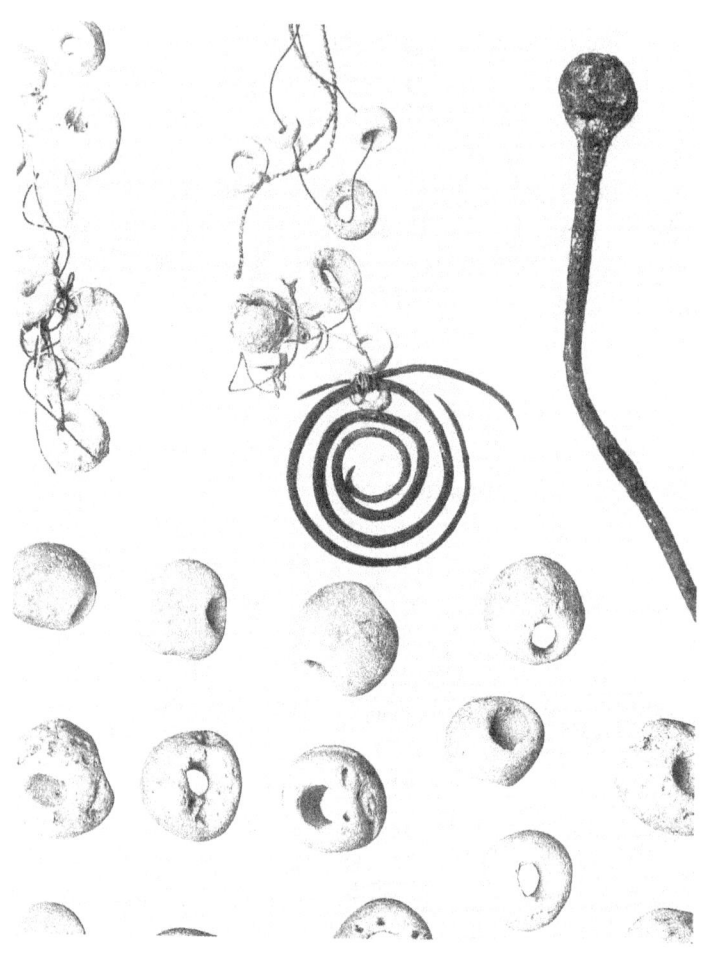

Kupferspirale und andere Schmuckstücke vom Attersee in Oberösterreich. Durchmesser der Kupferspirale etwa 2 Zentimeter. Originale ehemals in der Sammlung von Max Schmidt, Budapest, heute verschollen.

die Näpfe, am größten die Vorratsgefäße. Der für die Keramikherstellung benötigte Ton stand an den Ufern des Mondsees reichlich zur Verfügung. Die Gefäße wurden frei mit der Hand geformt. Die Verzierungen stach man in den noch weichen Ton ein und versah sie mit weißer Kalkmasse, welche die Ornamente besonders kräftig hervortreten lässt. Dann wurde die Keramik in Feuergruben gebrannt. Besonders dekorativ wirken die tief eingestochenen Sonnenräder, Winkelbänder und Schachbrettmuster auf den Henkelkrügen und Schalen. Die aus mehreren konzentrischen Kreisen mit strahlenförmig angeordneten Strichen bestehenden Sonnenräder bzw. -muster spiegeln vielleicht eine besondere Verehrung der Sonne wider.

Tonerne Gusslöffel und Schmelztiegel vom Mondsee und anderen Fundorten sowie einfache Kupferwerkzeuge und Kupferschmuck belegen die Verarbeitung von Kupfer vor bereits 5.700 Jahren. Vermutlich wurden hierbei die Kupfervorkommen im Salzkammergut genutzt.

Neben metallenen Geräten verwendete man meist weiterhin Werkzeuge aus Feuerstein und Felsgestein. Aus Feuerstein schlug man Schaber und Sicheln für die Getreideernte, aus Felsgestein schliff man Keulenköpfe, Klingen von Flach- oder Lochbeilen sowie bootförmige Äxte mit hammerartigen Knäufen. Als Fernwaffe konnte man Pfeil und Bogen einsetzen. Diese Jagd- und Kampfwaffe ist durch Funde von Feuersteinpfeilspitzen nachgewiesen.

„Naturkatastrophe in den Alpen. Der Untergang der Mondseekultur" betitelte der deutsche Geoarchäologe Alexander Binsteiner einen Artikel auf der Internetseite „Archäologie Online" vom 17. Dezember 2010. Darin vermutete er, wie die jungsteinzeitliche Pfahlbausiedlung von See am Mondsee vernichtet worden sein könnte.

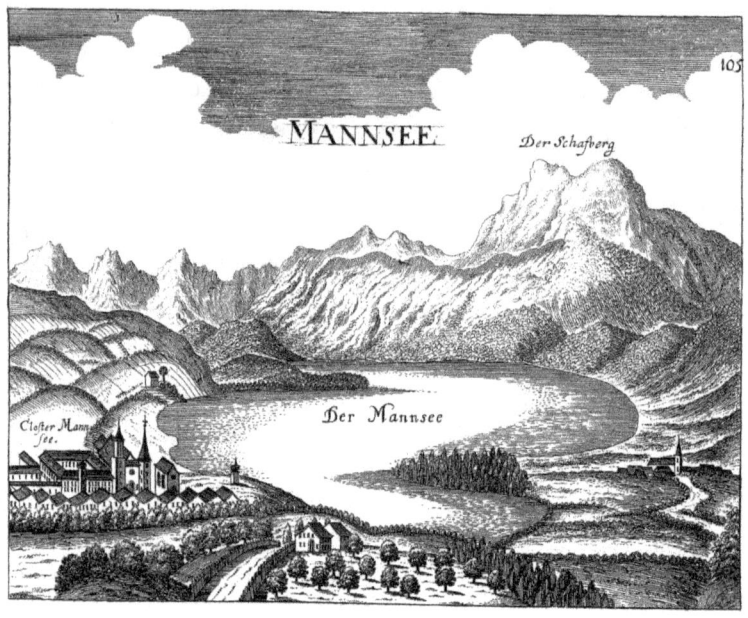

Kupferstich einer Ansicht des Mondsees (damals Mannsee) von 1674 rechts der Schafberg, von Georg Matthäus Vischer (1628–1696) (via Wikimedia Commons), Lizenz: gemeinfrei (Public domain)

Partie am Mondsee bei Scharfling mit Blick auf die Drachenwand.
Bild: Ölgemälde von Adolf Chwala (1836–1900) vor 1900
(via Wikimedia Commons),
Lizenz: gemeinfrei (Public domain)

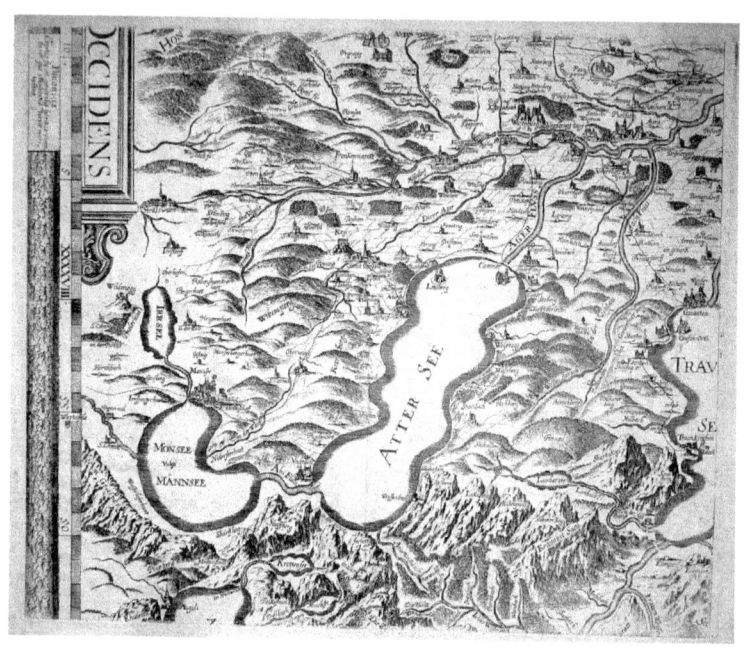

*Kupferstich einer Karte mit Mondsee und Attersee
aus dem Jahre 1672 von Georg Matthäus Vischer (1628–1696)
(via Wikimedia Commons),
Lizenz: gemeinfrei (Public domain)*

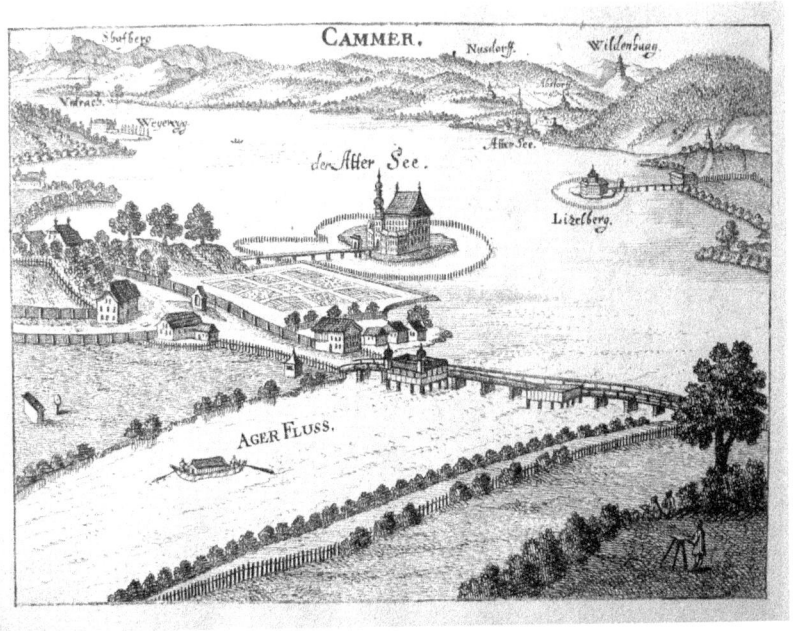

*Kupferstich einer Ansicht des Mondsees (damals Mannsee),
rechts der Schafberg, von Georg Matthäus Vischer (1628–1696)
(via Wikimedia Commons),
Lizenz: gemeinfrei (Public domain)*

Überholte Darstellung eines „Pfahlbaudorfes" im Mondsee.
Bild: Zeichnung von Ignaz Spöttl (1836–1892)

Binsteiner entdeckte nach Frühjahrsstürmen 2008 am Schafberg unweit von See am Mondsee geologische Spuren eines vorgeschichtlichen Bergsturzes. Dieses Ereignis könnte die Mondsee-Kultur durch einen Binnentsunami ausgelöscht haben. Schätzungsweise 50 bis 100 Millionen Kubikmeter Schutt ließen womöglich den Seepegel des Mondsees um zwei bis vier Meter anstiegen.

Bei den Stürmen von 2008 hatte ein Windbruch mehrere Hektar Waldboden freigelegt. Dabei waren Überreste eines verheerenden Bergsturzes ans Tageslicht gelangt. Der Bergsturz hatte offenbar bereits in vorgeschichtlicher Zeit weite Teile des Südufers am Ausgang des Mondsees verschüttet. Damals lebte die Diskussion über den Untergang der jungsteinzeitlichen Pfahlbausiedlung am gegenüberliegenden Ufer wieder auf.

Die ehemalige Siedlungsoberfläche befindet sich heute zwei bis vier Meter unter Wasser. Schon der Entdecker der Pfahlbausiedlung, Matthäus Much, glaubte, die Pfahlbauten könnten durch Bergstürze unter Wasser geraten sein.

Laut Binsteiner löste der prähistorische Bergsturz eine mit Schlamm und Geröll versetzte Flutwelle aus, die auf das Gegenufer auflief und die Pfahlbausiedlung überflutete. Gleichzeitig sei der Ausgang des Mondsees verschüttet und das Wasser aufgestaut worden, bis sich die Wassermassen einen neuen Abfluss in den Attersee geschaffen hätten.

Die jungsteinzeitlichen Siedler von See hätten mit großer Wahrscheinlichkeit durch die Flut ihr Leben verloren. Danach habe man die Siedlung nicht mehr aufgebaut. Skelettreste oder Gräber der Flutopfer seien bisher nicht gefunden worden.

Ehemalige Rekonstruktion eines Pfahlbaudorfes der Mondsee-Gruppe bei Kammerl am Nordende des Attersees in Oberösterreich. Das Pfahlbaudorf wurde 1910 erbaut, nach dem Ersten Weltkrieg nicht mehr betreut und verfiel. 1922 hat man es bei Aufnahmen für den Film „Sternbende Völker" niedergebrannt.

Anmerkungen

1] Die Siedlung Abtsdorf im Attersee wurde 1977 bei Vermessungsarbeiten entdeckt.
2] Moritz Hoernes (1853–1917) war Assistent an der Anthropologisch-ethnographischen Abteilung des k.k. Naturhistorischen Hofmuseums, ab 1899 Professor im Fach Prähistorische Archäologie und Begründer der Wiener Prähistorischen Gesellschaft.
3] Der schon vor etlichen Jahrzehnten bekannte Begriff Kurgan-Kultur wurde 1950 von der aus Litauen stammenden Prähistorikerin Marija Gimbutas (1921–1994) wieder verwendet, die ab 1949 in Kalifornien wirkte. Der damals in Königsberg tätige deutsche Prähistoriker Max Ebert (1879–1929) schrieb schon 1921 in seiner Publikation „Südrußland im Altertum": „... und so machte man die Kimmerier zu Trägern der Ockergräber- oder Kurgankultur (eine irreführende Benennung, da in Südrussland jeder Grabhügel „Kurgan" heißt)."
4] Der Name Kura-Araks-Kultur wurde 1941 durch den russischen Prähistoriker Boris Alekseevic Kuftin (1892–1953), der lange Zeit in Tiflis wirkte, eingeführt. Diese Kultur ist nach den Flüssen Kura und Araks benannt, zwischen denen sie hauptsächlich verbreitet war.
5] Unter einem Sandfischer versteht man jemand, der nach Sand schürft.
6] Der bisher einzige Einbaumfund, der mit der Mondsee-Gruppe in Verbindung gebracht wurde, ist gleich nach der Entdeckung verbrannt worden. Dieser Fund war 1930 bei der Regulierung des Leitenbaches in Hueb bei Lindbruck in Oberösterreich zusammen mit Resten eines Pfahlbaues zum

Vorschein gekommen. Auf die Existenz von Einbäumen weist auch das 9.6 Zentimeter lange Tonmodell eines solchen Wasserfahrzeuges hin, das in der Station See am Mondsee geborgen wurde.

*Keramik der Mondsee-Gruppe mit Sonnensymbol
im Pfahlbaumuseum Mondsee.
Foto: Mondsee / CC BY-SA 3.0 AT (via Wikimedia Commons),
lizensiert unter Creative-Commons-Lizenz by-sa-3.0-at,
https://creativecommons.org/licenses/by-sa/3.0/at/legalcode*

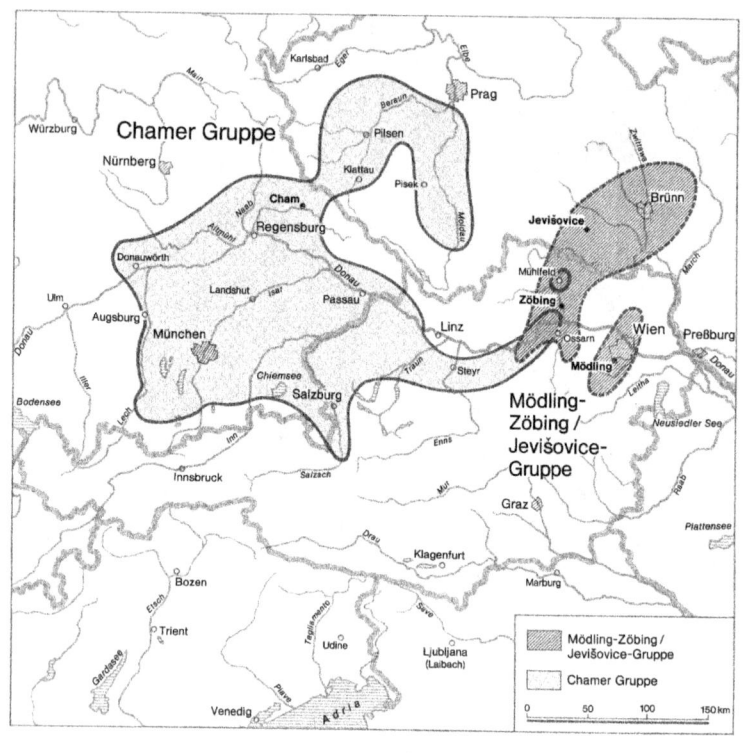

Verbreitung der Mondsee-Gruppe und der Badener Kultur in Österreich.
Bild: Zeichnung von Adolf Böhm
für das Buch „Deutschland in der Steinzeit" (1991)
von Ernst Probst

Literatur

BETTELHEIM, Anton: Wurmbrand-Stuppach, Ladislaus Gundacker Graf v. Biographisches Jahrbuch und Deutscher Nekrolog, S. 119, Berlin 1904.
BINSTEINER, Alexander: Naturkatastrophe in den Alpen. Der Untergang der Mondseekultur. Archaeologie-Online, 17. Dezember 2010.
DAUBER, Albrecht: Ernst Wahle 1889–1981. Fundberichte aus Baden-Württemberg, S. 555–559, Stutttgart 1982.
FRANZ, Leonhard / WENINGER, Josef: Die Funde aus den prähistorischen Pfahlbauten im Mondsee. Materialien zur Urgeschichte Österreichs, Wien 1927.
GÖTZE, Alfred: Über die Gliederung und Chronologie der jüngeren Steinzeit. Zeitschrift für Ethnologie, S. 259–278, Berlin 1900.
LENNEIS, Eva / NEUGEBAUER-MARESCH, Christine / RUTTKAY, Elisabeth: Jungsteinzeit im Osten Österreichs. In: Forschungsberichte zur Ur- u. Frühgeschichte (= Wissenschaftliche Schriftenreihe Niederösterreich. Nr. 102/103/104/105), Nr. 17, St. Pölten/Wien 1995.
MENGHIN, Oswald: Moritz Hoernes 1852–1917. Wiener Prähistorische Zeitschrift, S. 1–23, Wien 1917.
MUCH, Matthäus: Erster Bericht über die Auffindung eines Pfahlbaues im Mondsee. Mitteilung der anthropologischen Gesellschaft in Wien, S. 203–206, Wien 1872.
NEUGEBAUER, Johannes-Wolfgang: Bauern am Mondsee. In: Österreichs Urzeit. Bärenjäger, Bauern, Bergleute, S. 131–134, Wien 1990.
RUTTKAY, Elisabeth: Typologie und Chronologie der Mondsee-Gruppe. In: Das Mondseeland. Geschichte und Kultur, S. 269–294, Linz 1981.

Blick ins Pfahlbaumuseum Mondsee.
Foto: Thomas Ledl / CC-BY-3.0-AT
(via Wikimedia Commons),
lizensiert unter Creative-Commons-Lizenz6 by-sa-3.0 AT,
https://creativecommons.org/licenses/by-sa/3.0/at/legalcode

RUTTKAY, Elisabeth: Archäologisches Fundmaterial aus den Stationen Abtsdorf I, Abtsdorf II und Weyregg I. Fundberichte aus Österreich, S. 19–23, Wien 1982.

SANTIFALLER, Leo: Baumgartner, Andreas Frhr. von, Physiker und Staatsmann. Österreichisches Biographisches Lexikon, 1. Band, S. 58, Graz 1957.

URBAN, Otto H.: Much, Matthäus. In: Neue Deutsche Biographie 18 (1997), S. 249
https://www.deutsche-biographie.de/pnd119554518.html#ndbcontent

WILVONSEDER, Kurt: Das Mondseeland in urgeschichtlicher Zeit. Oberösterreichische Heimatblätter, S. 97–113, Linz 1955.

WILVONSEDER, Kurt: Die jungsteinzeitlichen und bronzezeitlichen Pfahlbauten des Attersees in Oberösterreich. Mitteilungen der Prähistorischen Kommission der Österreichischen Akademie der Wissenschaften, Wien 1963 bis 1968.

WOLF, Petra: Die Jagd- und Haustierfauna der spätneolithischen Pfahlbauten des Mondsees. Jahrbuch des Oberösterreichischen Musealvereins, S. 269–317, Linz 1977.

Autor Ernst Probst.
Foto: Klaus Benz, Fotograf, Mainz-Laubenheim

Der Autor

Ernst Probst, geboren am 20. Januar 1946 in Neunburg vorm Wald im bayerischen Regierungsbezirk Oberpfalz, ist Journalist und Wissenschaftsautor. Er arbeitete von 1968 bis 1971 bei den „Nürnberger Nachrichten", von 1971 bis 1973 in der Zentralredaktion des „Ring Nordbayerischer Tageszeitungen" in Bayreuth und von 1973 bis 2001 bei der „Allgemeinen Zeitung", Mainz. In seiner Freizeit schrieb er Artikel für die „Frankfurter Allgemeine Zeitung", „Süddeutsche Zeitung", „Die Welt", „Frankfurter Rundschau", „Neue Zürcher Zeitung", „Tages-Anzeiger", Zürich, „Salzburger Nachrichten", „Die Zeit", „Rheinischer Merkur", „Deutsches Allgemeines Sonntagsblatt", „bild der wissenschaft", „kosmos", „Deutsche Presse-Agentur" (dpa), „Associated Press" (AP) und den „Deutschen Forschungsdienst" (df). Aus seiner Feder stammen die Bücher „Deutschland in der Urzeit" (1986), „Deutschland in der Steinzeit" (1991), „Rekorde der Urzeit" (1992), „Dinosaurier in Deutschland" (1993 zusammen mit Raymund Windolf) und „Deutschland in der Bronzezeit" (1996). Von 2001 bis 2006 betätigte sich Ernst Probst als Buchverleger sowie zeitweise als internationaler Fossilienhändler und Antiquitätenhändler. Insgesamt veröffentlichte er mehr als 300 Bücher, Taschenbücher, Broschüren und über 300 E-Books.

Bücher von Ernst Probst

(Auswahl)

Als Mainz im Meer lag
Als Mainz noch nicht am Rhein lag
Christl-Marie Schultes. Die erste Fliegerin in Bayern
(zusammen mit Theo Lederer)
Der Europäische Jaguar
Der Mosbacher Löwe. Die riesige Raubkatze aus Wiesbaden
Der Rhein-Elefant. Das Schreckenstier von Eppelsheim
Der Schwarze Peter. Ein Räuber im Hunsrück und Odenwald
Der Ur-Rhein. Rheinhessen vor zehn Millionen Jahren
Deutschland im Eiszeitalter
Deutschland in der Frühbronzezeit
Deutschland in der Mittelbronzezeit
Deutschland in der Spätbronzezeit
Die Aunjetitzer Kultur in Deutschland
Die Straubinger Kultur in Deutschland
Die Singener Gruppe
Die Arbon-Kultur in Deutschland
Die Ries-Gruppe und die Neckar-Gruppe
Die Adlerberg-Kultur
Der Sögel-Wohlde-Kreis
Die nordische Bronzezeit in Deutschland
Die Hügelgräber-Kultur in Deutschland
Die ältere Bronzezeit in Nordrhein-Westfalen
Die Bronzezeit in der Lüneburger Heide
Die Stader Gruppe
Die Oldenburg-emsländische Gruppe
Die Urnenfelder-Kultur in Deutschland
Die ältere Niederrheinische Grabhügel-Kultur

Die Unstrut-Gruppe
Die Helmsdorfer Gruppe
Die Saalemündungs-Gruppe
Die Lausitzer Kultur in Deutschland
Die Dolchzahnkatze Megantereon
Die Dolchzahnkatze Smilodon
Die Säbelzahnkatze Homotherium
Die Säbelzahnkatze Machairodus
Die Schweiz in der Frühbronzezeit
Die Rhône-Kultur in der Westschweiz
Die Arbon-Kultur in der Schweiz
Die Schweiz in der Mittelbronzezeit
Die Schweiz in der Spätbronzezeit
Dinosaurier von A bis K. Von Abelisaurus bis zu Kritosaurus
Dinosaurier von L bis Z. Von Labocania bis zu Zupaysaurus
Der rätselhafte Spinosaurus. Leben und Werk des Forschers
Ernst Stromer von Reichenbach
Eiszeitliche Geparde in Deutschland
Eiszeitliche Leoparden in Deutschland
Frauen im Weltall
Hildegard von Bingen. Die deutsche Prophetin
Höhlenlöwen. Raubkatzen im Eiszeitalter
Julchen Blasius. Die Räuberbraut des Schinderhannes
Johann Jakob Kaup. Der große Naturforscher aus Darmstadt
Königinnen der Lüfte
Königinnen der Lüfte in Deutschland
Königinnen der Lüfte in Europa
Königinnen der Lüfte in Frankreich
Königinnen der Lüfte in England und Australien
Königinnen der Lüfte in Amerika
Königinnen der Lüfte von A bis Z
Königinnen des Tanzes

Malende Superfrauen
Meine Worte sind wie die Sterne Die Entstehung der Rede des Häuptlings Seattle (zusammen mit Sonja Probst, verheiratete Werner)
Monstern auf der Spur. Wie die Sagen über Drachen, Riesen und Einhörner entstanden
Neues vom Ur-Rhein. Interview mit dem Geologen und Paläontologen Dr. Jens Sommer
Österreich in der Frühbronzezeit
Österreich in der Mittelbronzezeit
Österreich in der Spätbronzezeit
Pompadour und Dubarry. Die Mätressen von Louis XV.
Raub-Dinosaurier von A bis Z. Mit Zeichnungen von Dmitry Bogdanav und Nobu Tamura
Rekorde der Urmenschen. Erfindungen, Kunst und Religion
Rekorde der Urzeit. Landschaften, Pflanzen und Tiere
Säbelzahnkatzen. Von Machairodus bis zu Smilodon
Säbelzahntiger am Ur-Rhein. Machairodus und Paramachairodus
Superfrauen aus dem Wilden Westen
Superfrauen 1 – Geschichte
Superfrauen 2 – Religion
Superfrauen 3 – Politik
Superfrauen 4 – Wirtschaft und Verkehr
Superfrauen 5 – Wissenschaft
Superfrauen 6 – Medizin
Superfrauen 7 – Film und Theater
Superfrauen 8 – Literatur
Superfrauen 9 – Malerei und Fotografie
Superfrauen 10 – Musik und Tanz
Superfrauen 11 – Feminismus und Familie
Superfrauen 12 – Sport

Superfrauen 13 – Mode und Kosmetik
Superfrauen 14 – Medien und Astrologie
Tony und Bruno Werntgen. Zwei Leben für die Luftfahrt
(zusammen mit Paul Wirtz)
Was ist ein Menhir? Interview mit dem Mainzer Archäologen Dr.
Detert Zylmann
Wer ist der kleinste Dinosaurier? Interviews mit dem
Wissenschaftsautor Ernst Probst
Wer war der Stammvater der Insekten? Interview mit dem
Stuttgarter Biologen und Paläontologen Dr. Günther Bechly
6000 Jahre Kastel. Von der Steinzeit bis zum 21. Jahrhundert
5000 Jahre Kostheim. Von der Steinzeit bis zum 21. Jahrhundert
Kastel in der Vorzeit. Von der Jungsteinzeit bis Christi Geburt
Kostheim in der Vorzeit. Von der Jungsteinzeit bis Christi Geburt
Wiesbaden in der Steinzeit
Anno 1.000.000. Deutschland in der älteren Altsteinzeit
Das Protoacheuléen. Eine Kulturstufe der Altsteinzeit vor etwa 1,2
Millionen bis 600.000 Jahren
Das Altacheuléen. Eine Kulturstufe der Altsteinzeit vor etwa
600.000 bis 350.000 Jahren
Das Jungacheuléen. Eine Kulturstufe der Altsteinzeit vor
etwa 350.000 bis 150.000 Jahren
Das Spätacheuléen. Eine Kulturstufe der Altsteinzeit vor etwa
150.000 bis 100.000 Jahren
Die Lanze von Lehringen. Der Jahrhundertfund aus der
Altsteinzeit
Das Moustérien. Die große Zeit der Neanderthaler
Das Aurignacien. Eine Kulturstufe der Altsteinzeit vor etwa
40.000 bis 31.000 Jahren
Das Gravettien. Eine Kulturstufe der Altsteinzeit vor etwa 35.000
bis 24.000 Jahren
Das Magdalénien. Eine Kultustufe der Altsteinzeit vor etwa

18.000 bis 12.000 Jahren
Die Hamburger Kultur. Eine Kulturstufe der Altsteinzeit vor etwa 15.700 bis 14.200 Jahren
Die Federmesser-Gruppe. Eine Kulturstufe der Altsteinzeit vor etwa 14.000 bis 12.800 Jahren
Das Steinzeit-Grab von Bonn-Oberkassel. Ein rätselhafter Fund aus der Zeit der Federmesser-Gruppen
Die Ahrensburger Kultur. Eine Kulturstufe der Altsteinzeit vor etwa 12.700 bis 11.650 Jahren
Die Altsteinzeit in Österreich. Jäger und Sammler vor 250.000 bis 10.000 Jahren
Das Jungacheuléen in Österreich
Das Moustérien in Österreich
Das Aurignacien in Österreich
Das Gravettien in Österreich
Das Magdalénien in Österreich
Das Magdalénien in der Schweiz
Die Mittelsteinzeit
Deutschland in der Mittelsteinzeit
Die Mittelsteinzeit in Baden-Württemberg
Die Mittelsteinzeit in Bayern
Die Mittelsteinzeit in Rheinland-Pfalz
Die Mittelsteinzeit in Hessen
Die Mittelsteinzeit in Nordrhein-Westfalen
Die Mittelsteinzeit in Niedersachsen
Die Mittelsteinzeit in Thüringen, Sachsen-Anhalt, Sachsen und im südlichen Brandenburg
Die Mittelsteinzeit in Schleswig-Holstein, Mecklenburg und im nördlichen Brandenburg
Die Jungsteinzeit. Eine Periode der Steinzeit vor etwa 5.500 bis 2.300 v. Chr.
Die ersten Bauern in Deutschland. Die Linienbandkeramische

Kultur (5.500 bis 4.900 v. Chr.)
Die Ertebölle-Ellerbek-Kultur. Eine Kultur der Jungsteinzeit vor etwa 5.000 bis 4.300 v. Chr.
Die Stichbandkeramik. Eine Kultur der Jungsteinzeit vor etwa 4.900 bis 4.500 v. Chr.
Die Oberlauterbacher Gruppe. Eine Kulturstufe der Jungsteinzeit vor etwa 4.900 bis 4.500 v. Chr.
Die Hinkelstein-Gruppe. Eine Kulturstufe der Jungsteinzeit vor etwa 4.900 bis 4.800 v. Chr.
Die Rössener Kultur. Eine Kultur der Jungsteinzeit vor etwa 4.600 bis 4.300 v. Chr.
Die Kupferzeit. Wie die ersten Metalle in Mitteleuropa bekannt wurden
Die Michelsberger Kultur. Eine Kultur der Jungsteinzeit vor etwa 4.300 bis 3.500 v. Chr.
Das Rätsel der Großsteingräber. Die nordwestdeutsche Trichterbecher-Kultur vor etwa 4.300 bis 3.000 v. Chr.
Die Baalberger Kultur. Eine Kultur der Jungsteinzeit vor etwa 4.300 bis 3.700 v. Chr.
Pfahlbauten in Süddeutschland. Dörfer der Jungsteinzeit und Bronzezeit an Seen, Mooren und Flüssen
Die Altheimer Kultur / Die Pollinger Gruppe. Zwei Kulturen der Jungsteinzeit vor etwa 3.900 bis 3.500 v. Chr.
Die Salzmünder Kultur. Eine Kultur der Jungsteinzeit vor etwa 3.700 bis 3.200 v. Chr.
Die Chamer Gruppe. Eine Kulturstufe der Jungsteinzeit vor etwa 3.500 bis 2.800 v. Chr.
Die Wartberg-Kultur. Eine Kultur der Jungsteinzeit vor etwa 3.500 bis 2.800 v. Chr.
Die Walternienburg-Bernburger Kultur. Eine Kultur der Jungsteinzeit vor etwa 3.200 bis 2.800 v. Chr.
Die Kugelamphoren-Kultur. Eine Kultur der Jungsteinzeit vor

etwa 3.100 bis 2.700 v. Chr.

Die Schnurkeramischen Kulturen. Kulturen der Jungsteinzeit von etwa 2.800 bis 2.400 v. Chr.

Die Einzelgrab-Kultur. Eine Kultur der Jungsteinzeit vor etwa 2.800 bis 2.300 v. Chr.

Die Schönfelder Kultur. Eine Kultur der Jungsteinzeit vor etwa 2.800 bis 2.200 v. Chr.

Die Glockenbecher-Kultur. Eine Kultur der Jungsteinzeit vor etwa 2.500 bis 2.200 v. Chr.

Die ersten Bauern in Österreich. Die Linienbandkeramische Kultur vor etwa 5.500 bis 4.900 v. Chr.

Die Lengyel-Kultur in Österreich. Eine Kultur der Jungsteinzeit vor etwa 4.900 bis 4.400 v. Chr.

Die Mondsee-Gruppe. Eine Kulturstufe der Jungsteinzeit vor etwa 3.700 bis 2.900 v. Chr.

Die Badener Kultur in Österreich. Eine Kultur der Jungsteinzeit vor etwa 3.600 bis 2.900 v. Chr.

Die ersten Pfahlbauten in der Schweiz. Die Anfänge der Pfahlbauforschung und die Egolzwiler Kultur

Die Cortaillod-Kultur. Eine Kultur der Jungsteinzeit vor etwa 4.000 bis 3.500 v. Chr.

Die Pfyner Kultur in der Schweiz. Eine Kultur der Jungsteinzeit vor etwa 4.000 bis 3.500 v. Chr.

Die Horgener Kultur in der Schweiz. Eine Kultur der Jungsteinzeit vor etwa 3.500 bis 2.800 v. Chr.

Die Schnurkeramiker in der Schweiz. Eine Kultur der Jungsteinzeit vor etwa 2.800 bis 2.400 v. Chr.

www.ingramcontent.com/pod-product-compliance
Lightning Source LLC
Chambersburg PA
CBHW070842220526
45466CB00002B/851